U0131678

遇见你吉祥

吉祥 著

台海出版社

图书在版编目（CIP）数据

遇见你吉祥 / 吉祥著. -- 北京：台海出版社，
2022.4
ISBN 978-7-5168-3264-6

Ⅰ. ①遇… Ⅱ. ①吉… Ⅲ. ①成功心理－通俗读物
Ⅳ. ①B848.4-49

中国版本图书馆CIP数据核字(2022)第056587号

遇见你吉祥

著　　者：吉　祥

出 版 人：蔡　旭　　　　　　　　　封面设计：王　耘
责任编辑：王　艳

出版发行：台海出版社
地　　址：北京市东城区景山东街20号　　　邮政编码：100009
电　　话：010-64041652（发行，邮购）
传　　真：010-84045799（总编室）
网　　址：www.taimeng.org.cn/thcbs/default.htm
E - mail：thcbs@126.com

经　　销：全国各地新华书店
印　　刷：湖北金港彩印有限公司
本书如有破损、缺页、装订错误，请与本社联系调换

开　　本：710毫米×1000毫米　　　1/16
字　　数：60千字　　　　　　　　　印　　张：7.5
版　　次：2022年4月第1版　　　　　印　　次：2022年4月第1次印刷
书　　号：ISBN 978-7-5168-3264-6

定　　价：81.00元

路

是自动延续到你脚下的

世界的完美与否与世界无关，在于你对它的认知与判断……

认知的壳

片片碎落

没入

生命的河

瞬间与永恒　只在感受里

问：我们如何才能变得更接纳他人？

答：接纳其实并不是对外的发生，而是对内坚定的一种呈现。当你对内越坚定的时候，对外才会是越接纳的。

问：如何才能对内坚定呢？

答：对内坚定要有允许的能力，你要允许自己一切的呈现。然而允许需要很大的勇气，需要你全身心地融入。如果你的智性不具足，你会用怀疑以及评判来保护自己；如果你总是试图改变自己和要求自己变得更完美，只会让你更加怀疑自己。

真正地允许自己，就是你可以全然地信任自己。当你怀疑自己的时候你就会怀疑一切；相反，如果你信任自己，就会信任一切，你允许自己的一切，就允许世界的一切。这样你必然就会变得接纳，所以我才说对内越坚定，对外越接纳。但是从更高的维度来看：如果你真的意识到你与世界万物本就是一体的，你也不会再寻求如何才能更接纳，因为接纳本就是你本有的状态，你只是全然地存在着……

遇见你吉祥

问：这个世界有太多的道理和知识以及一些个体教导我们应该做什么，不应该做什么，什么是正确的，什么是错误的。我们该如何去选择呢？

答：同一件事情，不同的人去经历，会形成不同的解读与答案，因此不要任由外界的经验限制我们自己的思维与认知。而是需要我们自己去观察、去体验。

事实上，知识和道理并非是一成不变的，它们会随着事物的发展而不断地被颠覆、并持续地更新。它们本就是由有限的认知构建而成的，知识和道理只是整体中的一个结论，并非是发展与全面的。因此当我们透过知识和道理去感知事物的时候，便失去了对事物本身真实的体验，甚至也失去了对自我真实的认知，从而进入了先入为主的状态。然而，当我们不再依附于外在的知识与道理，也不再对事物加以自己的定义与认知，只是全然地去观察、去体验时，会明白一切事物都是自然的发生，而发生并没有定义……

遇见你**吉祥**

问：你每一次的分享，对我都会有所启发，那么你认为我们该如何去帮助别人呢？

答：其实我没有帮助他人的心，也没有启发他人的念头。因为我觉得每个人以及每一件事都是本自具足的，并且它们都在完整地进行中，但是我所有的分享同时也都是我自然的流露。

就好比你是一朵鲜花，你不需要为了装点这个世界而开放，你只是开放就好了，你的开放一定会装点这个世界。如果你是一盏明灯，你也不需要为了照亮世界而发光，你只要发光就好了，你发光就一定会照亮这个世界。同时，我也希望我们每个人都能够放下启发以及帮助别人的念头。当你生起了想要帮助他人的念头时，便表示你内在也生起了对立与分别，或者你认为对方此刻是不好的，这也是你的内在缺失在他人身上的投射。即使别人因我们的话而受益，功劳也不在我们自己，而是他人内在智慧的彰显与外在接纳的呈现……

遇见你吉祥

你并不在整体之内，而是整体在你之内

当你的认知全部消融时，你才会觉知到整体

问：我对我的爱人很好，我总是想把我认为最好的给他，但是他总是不领情，甚至觉得我在控制他，我该如何说服他？

答：请你先放下想要说服他人的心，我认为每个人对生命的认识和理解都是不同的，万事万物虽然没有分别，但是都是存在差别的。当你可以全然地感受他人的世界、欣赏他人的不同，一切如他所是，不再试图用自己的认知去同化他人时，这样的你是更加柔软有力量的……

因此，请不要执着于用自己的方式去对待别人，而是以对方舒适的方法给予温暖和关怀，这才是最有力量的体现。

问：如何才能获得爱？

答：首先爱是一种觉受，它是由内而发的，它没有办法从外获得。外在所求的爱是瞬间的，内在涌出的爱才是永恒的。其次只要一个人去索求爱，他就没有办法给予爱，因为索求本身就代表他内在没有爱的觉受、没有爱的源泉。爱没有任何层面的期待与索求，爱只是给予和付出。然而，当你找到了那个你可以给予爱的人和事物的时候，你会发觉在更大的程度上反而是他们的存在滋养了你……

同时我认为，爱是一种状态，它不在已知中，它与未知同频同在。真正爱的另外一面，不是不爱，而是结束了爱与不爱之间的分别。

问：古人云：无欲则刚。那我们该如何放下自己的欲望呢？

答：我认为当我们可以无条件地爱自己时，就会明白：生命中的每一刻，你都是最具足的，你都拥有着你在这一刻里所需要的一切。而在这一刻你没有的东西，就是你不需要的，但是你需要"先"无条件地爱自己，无条件地接纳与允许如你所是的一切发生，你才会明白这一点。"放下欲望"就是这种由内而外的发生。同时，试图"放下欲望"不也是被欲望驱使的吗？你不要强迫自己放下欲望，因为越是强迫越是持续。你只需要看见此刻的欲望正在发生着，放下欲望是一个自然而然的发生。并且欲望是不可能通过自己说服或者别人说服，以及运用各种各样的办法能够让你放下就可以放下的，其实所有的欲望都是一种虚幻的呈现，当你能够看清这个真相时，欲望自然就消融了……

问：我如何才能从对外的执着与分别所带来的痛苦及烦恼中走出，转向对内的探寻呢？

答：当你真正地意识到你和世间的一切在本质上是一体时，就会了解，外面的存在只是不同的参照。它们用不同的呈现，给予你不同的感受，丰富了你的生活体验，加深了你对生活的认知。我们应该感恩并接纳这种多样性。你就会知道外在的世界并没有好与坏，也没有善与恶，它没有"分别"，只有"区别"。如果这个世界没有区别，生活就没有这么丰富多彩了。大树和小草是有区别的，桌子和凳子是有区别的，但是它们没有分别。没有分别的心就没有谁比谁更好。"区别"本身不会造成伤害，而"分别"不同。"分别"是我们依据自身判断与定义给事物贴上的标签，并不是客观的，还会随着心境的变化而变化，它是你意识的投射，同时又作用于你的意识，因此常常带来不必要的矛盾和痛苦，并且让你渐渐远离真相，困在意识制造的局限与冲突中。你缺少什么或者得到什么外在的事物都不重要，外在所有的呈现都是自己内在的投射。如果你深刻理解内在就是外

你不需要寻求意义，你的存在本身就是最大的意义

在运行的源头与根本，你就自然愿意向内在探寻真相，而非把精力放在外求与分别上。你向内走得越深入，就会获得越多的宁静与喜悦。

遇见你吉祥

问：你觉得学生该如何与老师相处呢？

答：你要明白教学相长的道理，只是有的人在以教的方式去成长，有的人在以学的方式去成长，其实大家只是在以不同的方式共同成长，所以学生和老师之间的关系是平等的。然而我们对万事万物都要有颗恭敬的心，不是吗？所以学生对老师也要有一颗恭敬的心。是的，平等心和恭敬心一个也不能少。如果只有平等心，说明他很聪明，并且有求实的心，但是这样容易傲慢。如果只有恭敬心，可能会盲目地服从，这样又是愚痴的。平等心就好比一颗种子，恭敬心就好比阳光和雨露，它们两个在一起，缺一不可。因此学生要用平等心和恭敬心并存的状态与自己的老师相处，这样一定会有更大的收获和成长。

问：你是怎么看待尊师重教的呢？

答：我觉得尊师重教是非常重要的，但是人应该先学会尊重自己。当一个人尊重自己的时候就一定会尊重他人，如果连自己都不尊重，又如何去尊重万事万物呢？只要我们尊重自己，那么尊师重教也就是必然的状态了。

但是，当你真正地意识到，你与万物本来就是一体的时，又何须执着于尊重呢？因为尊重也是一种分别啊，你在分别你我他。尊重是你生命本身的状态。

问：你认为问题出现的原因是什么，我们又该如何去解决生活中遇到的问题呢？

答：我认为在生活的过程中，问题的出现并不是要你去找出原因或者是给它一个所谓的答案，它出现的真正意义在于推动生命持续的改革与更新，使我们的生命更加精彩与鲜活。然而从更高的维度来看，其实很多问题是被制造出来的，问题本身并不是问题，有了对问题的认知与思考才是问题。当你试图解决问题的时候，不如先仔细地思考一下这个问题是不是真实的存在。换句话说，解决问题就是制造问题，问题是得不到解决的，它会没完没了地重复。而唯一解决问题的方式，就是提高自己的思维意识和扩大自己的心量。意识和心量到达一定程度的时候，问题自然就被消融了。相反的，如果我们一直关注问题，问题就会被无限放大。因此与其试图解决问题，不如提高思维意识和扩大自己的心量，这样问题自然就被消融了，你生命的状态也会更好。其实问题只是浮在浅处，深处并没有问题。

遇见你吉祥

问：所有的父母都按照一个公认的"好"的标准去塑造孩子，比如希望孩子变得优秀、变得听话、变得理解父母的辛苦……那你觉得下一代该如何教育呢？

答：关于这个话题，我认为在如今的这个时代里，你要将你在工作中的快乐与喜悦分享给他们，并告诉他们：你值得体验与拥有美好和丰富的生活；以及为他们讲述你能够为这个家庭做出贡献的自豪与满足，这是一种更积极的教育方式。对待下一代，你要去发现他、引导他，并且助力他，最终让他成为更好的自己。

问：太好了，所谓积极乐观就是这样，相同的事情，使用不同的表达方式结果就不同。记得原来看过一个故事：一个小女孩非常想要橱窗里的玩具，但是奶奶和她说：咱家穷，没有钱，不要买了。现在看来，可以这样说：爸爸妈妈都在为咱家更美好的未来而奋斗着，我相信过不了多久你就可以买到啦。与孩子的对话也是种子，种什么种子发什么芽，种什么种子结什么果。

答：是的，我家门外是一个公园，很多父母带孩子去公园玩，公园门口就有卖玩具的。现在的孩子都有很多的玩具，但是小朋友看到玩具之后依然会向父母索要。这个时候很多父母就会说"不要再买了，你已经有很多了"。如果是我，我会告诉那个孩子："孩子，全世界都是你的，你暂且把这些玩具放在这里，我们先去公园玩。"这样孩子的心胸和世界观一定是不同的，他的心胸会更加宽广，他的内心一定会更加富足，他的人生也一定会更加美好。以上只是教育孩子的方式发生了改变，比这更重要的是父母本身，你越温暖，他便越温暖，你越光明，他便越光明。你就是孩子的根源，因此让自己活得更精彩，做更好的自己，这本身就是对孩子最好的言传身教。同时也请记得，对孩子最好的爱，就是你先好好地爱自己。父母的内在越匮乏，对孩子的要求和期待就会越高，然而当你真正地实现自我完整时，你就可以全然地允许一切事物自然的呈现。

这个世界唯一确定的就是所有事情都是不确定的

而不确定就是无限的自由

问：有一些外界的观点说原生家庭带给孩子的伤痛会对孩子的未来有很大的影响，你是怎么认为的呢？

答：我们每个人都有自己的认知堡垒，并在自我构建的世界里思考着、流动着、经历着、生活着。

当你没有感觉到爱的时候，并不代表爱不在身边，只是每个人表达爱的方式不一样。同样，当你觉得受到伤害的时候，也不代表别人是故意伤害你的，尤其是你的父母。

我小时候父母对我要求很严格，要懂事，要注意细节，要把每件事都落在细处。然而长大后，生活的经历让我明白，比起懂事，成为自己更重要。因为成长不会停止，生命本来的力量也终会绽放，每个人终会回到属于自己的轨道上。其实一切都好，并且都会好。

问：我总是会因为各种各样的事情替孩子担忧，我该怎么办？

答：对待孩子和自己以及万事万物，把担心变为祝福，你担心什么就往相反的方向去祝福。比如你担心孩子出门会遇到危险，那么你就祝福他一路平安。你担心孩子会生病，你就祝福他身体健康。你担心孩子学习不好，你就祝福他学习进步。也许你一开始做得并不到位，但这是一种训练，久而久之，它便成了习惯，习惯的事情重复地去做，你便与习惯融为了一个整体。这时你所有担心的念头都会转化为祝福的心念，这样你和你身边的一切也会更加幸福，因为祝福的心念本身就具有强大的力量。

但这也只是你自己内在的期待与恐惧的一种投射，你依然还是在二元对立的循环中，你只需要无条件的允许和陪伴他们的各种状态。其实一切经历都是整体的一部分，你无须期待什么，也无须惧怕什么，一切都是完整的，并在完整地进行中，还是那句话：一切都好，并且都会好。

问：生活中的问题层出不穷，让我很纠结、很无助，我该怎样面对？

答：跟你讲个发生在我身边的故事吧。有段时间我为母亲做经络按摩，第一天，我在给她疏通后背经络的时候，她疼得大叫；但是第二天，她居然还主动要求我继续给她疏通；第三天，第四天，一天天过去，她觉得越来越舒服，疼痛感越来越少；到第七天的时候她感受到的就是纯粹的舒服和愉悦……然后我就问母亲："第一天我为您疏通经络您疼得大叫，为何第二天还让我为您疏通呢？"她说："因为我知道这样对我的身体好，是对我有帮助的呀。"我说："是呀，古人云，通则不痛，痛则不通。您看我刚开始为您疏通的时候您会感觉很痛，就是因为不通，后来经络被疏通了，就不痛了。"生活其实也是这个道理，我们遇到很多问题，那正是生活在给我们疏通按摩。如果我们遇到问题还会纠结与不开心，证明我们的内心还不够通透，那就继续让生活为我们疏通。当我们有一天遇到任何问题都不会再纠结和不开心的时候，我们的内心就完全通透了。

其实我们都在不断完整的路上，完整并不是没有残缺，

遇见你吉祥

而是接纳了残缺的存在。那些没有被自身察觉的"不接纳",会用"伤害"来提醒你它的存在。你在过程中遇到的所有问题,都是生命给你的礼物。生活若是要让你彻底醒悟,就会给你制造相应的分裂,它会让你在破碎支离中看到生命不同景象的呈现,在残缺不全中体验局部与完整,在无数面向中体验限制与自由,在曲折起伏中明白刹那与永恒。最终你会发现,一切都是相对和虚幻的呈现,没有任何纯粹被真正地破坏,也没有任何呈现成为绝对的真实……

没有新的与旧的，只有正在发生着的

　　问：你对未来的生活有什么规划吗？

　　答：我对未来是没有期待的，我不会为了还没有发生的事情而错失此时此刻，我只是活在现在，所以我没有规划。

　　并且，我认为一个有智慧的人往往是迷茫的。

　　问：那你所说的有智慧的人的迷茫和大部分人的迷茫，有什么不同吗？

　　答：大部分人的迷茫，是内心有一个方向或是有一个期待的结果，从起点到达目标点的过程中，他会因为不知道该如何到达目标点或者能否到达目标点而感到迷茫。而一个有智慧的人是全然的迷茫，因为他时刻是全新的……

遇见你吉祥

问：有件事情让我很烦恼，我该如何放下它？

答：你的烦恼是源自你对事物的定义以及认知所产生的执着，而并不是事物本身。

问：那我如何才能不烦恼呢？

答：烦恼只是你生命中一种自然的情绪流动，然而你所问的"如何才能不烦恼"又使你进入了对事物定义以及认知的执着当中。你不断地定义以及为此建立认知，就是在不断地给自己制造"牢笼"。其实真正束缚你的不是"执着"，而是你对"执着"的依赖。一切都是自然的发生，如果你可以与"发生"达成和解，就不会想要改变发生。同时也没有什么需要被改变，你只是在生命中流淌……

遇见你吉祥

问：我有时会无缘由地不开心，是不是我的情绪出现了什么问题，我该怎么办呢？

答：不开心是正常的，这并不是问题。不开心也是我们情绪的一部分，就如同四季，春夏秋冬一直是循环往复的，这是自然现象。只是我们在分别它们，对它们有了不同的定义，什么是好的，什么又是不好的，因此我们才有了对问题的思考。就比如你认为春天是好的，那么冬天、夏天、秋天你都会不快乐，因为它们都不是春天；但春天你也会不快乐，因为你知道它很快会过去……如果我们真正地意识到，每个季节都有每个季节的特质，春夏秋冬都有它各自独特的美，那么你就一直活在"喜悦"中。

如果我们在任何情绪中都能放下分别，只是和情绪在一起，就会看到它们各自的价值与美好。不必紧握什么，也无须推开什么，与它们成为朋友，就如同你可以欣赏四季之美。其实我们所体验到的所有感受都是自然的，都是"合理"的，无须刻意地去关注以及处理什么，它们只是瞬间的存在，给予你体验或启示。

各种有限的认知累积在一起便形成了所谓的"规律"

问：我们该如何面对别人的诋毁呢？

答：首先，请理解生命的不同状态，每个人对事物都有不同的认知和解读。其次，人们习惯维护自己以及与自己相关的事情。外界对你的指责，一般都是对方站在他的角度上根据他的标准和需求而对你作出的评判，因此通常是不客观的。你不会知道别人的言语中会出现多少种关于你的说辞，也不会知道别人为了维护自己以及与自己相关的事情而说过什么去负向地诠释你，更无法阻止那些与事实并不相符的闲言碎语。你能做的就是对内的坚定以及对外的接纳，你不需要去澄清什么，谣言止于智者。你要相信自己，如果你太在意外界的理解与认同，就是你对内在的不够坚定，懂你的人永远会相信你并且支持你。

站在另一个角度上，你也根本无须理会别人的诋毁，因为只有你的状态"强"过于他，才会影响到他的自我，所以他才会这么"关注"你，并且以诋毁的方式来维护他的自我。其实诋毁本身也是另一种形式的"仰望"。

遇见你吉祥

问：很多人一直感觉自己很烦恼，不愉悦。我认为人们的烦恼以及不愉悦，正是因为他们心中缺少爱，如果人与人之间没有隔阂，只是去观察、去付出，而不是去比较、去批判，爱就在心中生起了，烦恼自然就消失了，剩下的就只有愉悦。你认为呢？

答：我很认同你的观点。我以前也一直以"生命中除了爱，一切都是行李；爱就是付出，所以永远也不会失去"这句话作为我的座右铭。我始终认为爱是生命的主导线。我的父母与老师也一直教导我，希望我爱每一个人，为众人付出，成为迷路人的向导、渡河人的桥梁以及渡海人的船舶。我也一直期待自己是这样的，希望自己成为一盏明灯，可以去照亮世界的黑暗。但后来我发现世界本来就是明亮的，不需要被照亮。真正的爱，不需要任何目的，也没有任何的原因。它就是你每时每刻都流露着自性的喜悦与平和。当你的爱不再需要一个目标的时候，你才是真正自由的，因为你已经成了爱，或者说你就是爱本身。成为自己就是爱，如果你是一盏灯，发光就是爱；如果你是一朵鲜花，绽放就是爱。

遇见你吉祥

就是这么简单，也是这么自然。

你刚刚也说到烦恼的问题，我认为人们之所以会烦恼和恐惧，更大的原因是人们不是活在过去，就是在担忧未来，总是为了非当下的事情而丢失了此时此刻。其实，活在当下就是对烦恼和恐惧的终结。

恰恰是因为你对"无限"的向往

才让你有了当下是"局限"的认知……

问：我一直做自己喜欢的事情，可是别人不理解我，我该怎么办？

答：每个人走不同的路，寻求属于自己的幸福与使命。你不在与他们同行的路上，并不代表你就会迷失！而当所有的人都离开，只剩下你孤身一人坚持时，也并不意味着必定会迷失，可能这就是最适合你的道路，同时你也是道路的唯一。

请不要为自己对世界独特的思维和认知以及别人的批判而感到孤单，因为我们现在所接受的常识都曾是被批判的前人独特的思维和认知。爱你所爱的，做你喜欢的，成为你自己。我相信你，并祝福你……

遇见你吉祥

问：我们如何才能领悟真正的人生？

答：我认为，人们更应该注重的是参悟而并非领悟。参悟是无止境的过程，而每个所谓的领悟只是参悟过程中的一个节点。如果领悟就能知道一切，它是最终目的地，那生命就没有奥秘了，它只是了解生命更伟大奥秘的一个入口。我也认为，领悟的状态是你本就具足的，它甚至不需要你经过所谓的过程，领悟并非从某个起点开始到了终点才能获取的，或者说它本就在起点……

换句话说，生命本身就是没有起点与终点的过程，领悟只是一个发生，并不是恒常稳定的存在状态。就如同你发脾气，也只是一个发生，你不可能一直保持发脾气的状态。

遇见你吉祥

自由是结束了确定性的认知⋯⋯

问：我们总是追寻完美，请问如何才能达到真正的完美呢？

答：其实追寻只是一种假象，它催促着你在生命的过程中永无休止地寻找，让你认为自己一直缺失着什么。事实上你是本自具足的，并且从你出现的那一刻开始，你与周围的一切本就是完美的。只是那不符合你头脑中对完美的理解和认知。同时真正的完美并不是没有残缺，而是接纳了残缺。然而残缺也不在外部的呈现里，而是在你对事物的看待和定义里。因此世界的完美与否，与世界本身无关，而在于你对世界的认知和判断。

在完美里，没有好坏，也没有对错，没有任何事物和个体是单向存在的，都会合而为一，这就是完美的本质……

问：如何才能成为更好的自己？

答：我认为当你在追求成为更好的自己的时候，其实你的潜意识一直都在否定此刻的自己，你始终认为自己是不够完美的，所以你才想成为更好的。你不如告诉自己：此时此刻就是最好的，这是你生命的本质；下一刻会更好，这是你生命的状态。你的本质和你的状态合在一起，便是完整的自己。

问：别人总是给我各种各样的建议，我该如何去抉择？

答：我们要允许自己做真实的自己，不要被外界的声音以及外来的认知影响，不要被内在的恐惧和担忧左右，也不要被别人基于恐惧的说辞所限制，这些说辞有时虽然出于好意，但结果却总是适得其反。我们需要平静地听从自己内在的声音，只要我们允许自己做完整的真实的自己，那么生活所需的一切以及与自己相关的人和事物，都会出现在我们的生命里。它们必定会到来，当我们内在的感觉以及灵魂深处都深信不疑的时候。除此以外，是否能倾听他人的建议，无论对错与否，取决于你的爱；是否要听取别人的建议，无论是非与否，取决于你的智慧。

问：你是如何理解谦虚的？

答：我觉得谦虚是一种美德，也是非常好的一种状态，是对生命的一种尊重，但同时它也是自我在不同程度上的呈现。其实谦虚就好比是被稀释后的自我。举个例子，我们如果是一杯浓茶，谦虚就好比对它进行稀释，我们仔细思考一下，如果连自我（浓茶）都没有的话，那又何来谦虚呢？

换句话说，我认为，真正的谦虚并不是把自我放得很低，而是完全没有了自己，就像消融在了整体里……

问：那如何让自我消融呢？

答：当自我可以被完整地呈现时，就是它消融的时刻。你要消融的并不是"自我"本身，而是对"自我"的执着。

遇见你吉祥

问：我如何才能不浮躁，时刻保持平静呢？

答：当你处于平静之中时，你不会拒绝任何事情的发生。所有的情绪其实都是一种自然的发生，你无须刻意去保持某种情绪或者试图去改变它，一切都是生命中自然的流淌。如果你能安住于自己的浮躁，那便是一种"平静"；而与浮躁对抗的平静，它也是一种"浮躁"……

完整的基础是残缺，残缺的背景是完整

问：你认为如何才能活在当下？

答：我认为当下是一种状态，所谓活在当下，就是在此时此刻你是没有任何期待以及欲求的，你只是存在着，存在于此时此刻。当没有期待与欲求时，就没有过去，也没有未来；当没有期待与欲求时，就不存在希望，也不会有失望。你只是全然地存在着，并且满足于此时此刻，这个时候你会无缘由的喜悦，当你的头脑试图去寻找根源的时候却找不出任何的原因。其实喜悦并不是因为得到或拥有了什么，而仅仅只是因为你存在着，这个时候你就是活在当下，而且你不会为未来担忧，同时你会相信每件事物都会在完美的秩序中发生，并且会自行完美地解决，相信祝福存在于我们生命中的每时每刻……

问：你觉得我的未来需要做些什么才能变得更好呢？

答：我认为，不要去做你能做并且需要努力的事情，而是要去找到你所热爱的事情，那样你的人生会更加美好，那才是更适合你的道路。就比如说我喜欢写字画画，我非常开心地画了一天、写了一天，到了晚上该睡觉的时候我会感到很快乐、很满足、很喜悦，同时我画画和写字的水平也得到了相应的提升。如果一个人认为写字画画很好，是一种优秀的体现，于是他很努力地写了一天、画了一天，到了晚上筋疲力尽，效果也没有很好。你要认识你自己，并且成为更好的自己，你是辣椒就是辣的，你是甜果就是甜的，你是柠檬就是酸的，做你擅长的，做你热爱的，不要刻意去做什么。就连宽容和勇敢，这些都不是"努力"的结果，它们都是由内而发的，因为凡是"努力"的背后，都有背离真实的可能性。你看这朵鲜花开得多么美丽，但那不是它努力的结果，它的绽放是没有任何目的，它的芬芳与色彩都是自然而然的，此时它只是存在着，就是这样简单。

遇见你吉祥

问：我该如何面对痛苦以及我的恐惧感呢？

答：有句话是这么说的：万物皆有裂痕，那是光照进来的地方。其实当我们感到痛苦和混乱的时候，从更高的维度来看，它并不是一件坏的事情。它或许在提醒我们此刻在陷入某一个二元对立的执着当中不可自拔，它正在帮助我们脱离此刻对事物的执着与认知，所以我们要做的并不是与它对抗，那样只会制造更多的对立和分别，从而使我们的内在更加分裂。我们只需要去直面它，与它在一起，这样它自然会把我们带离局限！

同时，在生命过程中，在生活的道路上，当你在恐惧和害怕什么事物时，也不要逃离，而是要回过身来去面对这一切，去拥抱与突破恐惧这个幻相。因为恐惧感并不是来自不确定，而是来自你认为你确定了什么。无论什么事情，我们想象中可怕的程度都远远超过了事实本身。万事万物都不会像我们想象的那么糟糕，当然也不会像我们想象的那么好，头脑总会为我们还没有经历的事情编造出更"夸张"版本的

遇见你吉祥

故事，包括所谓的失败，甚至死亡。我们具有战胜一切的力量，但首先我们的内心要拥有如如不动的勇气和无畏。

另外，你要知道，痛苦和喜悦、期待和恐惧一直是相互依存的，它们本来就是一个整体……

答案不在背后的影子里
它在前方的光源里……

问：我觉得你的状态很稳定，而我的情绪时常有波动，我如何才能像你一样稳定呢？

答：那是因为你还不了解我，我的情绪并不是保持一种状态不变的。我们都说"上善若水"，可水的状态是绝对稳定的吗？它受热变成气，遇冷结成冰，平时是液态，这便是自然的状态，一切都是流动的，它会随着外境的变化而变化，时刻与外境保持着相对静止。如果我们的情绪和外境的发生能保持相对稳定的状态，便是最自然的。

遇见你吉祥

问：我常常很忙碌，但是并不快乐，怎么办呢？

答：我们的想法和情绪都是意识推动的结果，它不断地让我们保持在忙碌的状态中，来证明自己的存在以及存在得很有价值，但这些只是生命衍生出来的分支，它们并不是生命本身……

其实一个人无论在顺境中还是逆境中都会迷茫的，尤其是在顺境当中会更加迷茫。因为他一直在不停歇地忙碌，他是被事物的发展推着往前走的，所以没有时间静下来思考；然而当他真正能够静下来的时候，他会意识到，路并不是他走出来的，而是自动延续到他脚下的。

生活不会辜负你内在的真实意愿。如果这些意愿是清楚的、明晰的，而且你可以对当下的经历保持觉察和耐心，你会发现：路径是完美的，你就是路径的源头……

遇见你吉祥

问：我认为生活中的很多痛苦其实都是源自我们二元对立的思想，就比如光明与黑暗、完整与残缺、混乱与平静。当我们不断地在其中认知与分别的时候才产生了不断循环的痛苦，因此我认为只有超越或者打破二元对立，才可能使我们内心真正地回归平静。你是怎么认为的？

答：其实二元对立是我们在生命过程中与生活道路上所需要的，它们维持着外在的平衡与完整，达成着内在的统一与和谐，推动着事物持续的革新与发展。当一个人达成了内在与外在的和解时，并非是他选择了什么，而是他可以与选择并肩同行……

然而二元对立并不是真实存在的，它只是因为你内在的分别而产生的，它本身也只是一个认知而已。我们要真实清楚地意识到这些，不然你所谓的超越或者打破二元对立也只是进入了更大的二元对立之中，而且它们会不断地叠加……

遇见你吉祥

你一直被关在一个看不见的透明牢笼里，名曰：逻辑

问：你觉得我需要在哪里做出改变才能使我的人生更加完整？

答：管理学上有个木桶效应，它的大概意思是说木桶盛水量的多少，最终是由木桶最短的那块板决定的，因此你的弱点决定了你成就的大小。而我认为现在这个时代是个性突显的时代，它没有标准与定义。每个人都应该做符合他自己的特性并且热爱与擅长的事情。我也跟很多经营企业的朋友说，不要把精力都花在弥补你企业的弱势上，而是要发现企业的优势在哪里，并且把优势发挥到最大的程度。对于个人来说也是这样的。同时我认为完整并不是在补缺中实现的，而是我们内在本有的，是我们本自具足的……

遇见你吉祥

问：我的朋友身上有很多的缺点，并且总是会伤害到我，我还要继续和他做朋友吗？

答：事物本就是流动和变化着的，它时刻都是全新的，在永不停歇的变化中。而我们唯一能够确定的就是，一切事物都是不确定的。

而你对他人的评判，也只是你依据内心深处的脆弱与恐惧，而做出的自我保护。同时一个人的"缺点"是来自他所处时代的集体意识的认知，并不是源自他本身。因此不管怎样，请你一直相信美好。

其实人生自我探索的道路，在某种程度上也是你接纳自己的过程，只有当你认清自己和其他人是一体的时候，你才会拥有全然的爱。你会明白爱他人的同时也是在爱自己，原谅他人的同时也是在原谅自己，你在多大程度上接纳别人就是在多大程度上接纳自己，接纳那个本就无限的自己。

你的一切经历是让你认识自己，更重要的是，经历无法定义你，事实上是你定义了经历，同时经历诠释了你……

问：我如何才能更清晰地定义自我呢？

答：我认为任何关于自我的定义都是在给自己制造"牢笼"，定义本身就是一种限制，它限制我们只能经历与体验符合自我定义的事情，并使我们永远活在自我定义的设定中。其实最好的自我认知是：我什么也不是。当你认为自己什么也不是的时候，你便是一切；而当你认为自己是什么的时候，你便什么也不是。请不要去自我定义以及自我认知，不如在生命的过程中加深对自己的认识。当你不断加深对自己的认识时，反而觉得生命能够让你感受到的一直在更新，并且感受到你是鲜活的，你一直都是全新的。请记得：你只是全然存在着，你没有任何定义。

遇见你吉祥

问：我越是追求某些事物，就觉得离它越远，我该怎么办？

答:你追求什么，就被什么所禁锢，因为追求的行为本身就是从完整层面的一种分离，你始终觉得此刻的自己是不完整的。然而当你可以无条件地爱自己时，你就会无条件地爱一切，那时你便是自我完整的，你就是整体，并且不是你在整体之内，而是整体在你之内。当然那时"追求"依然是存在的，它只是你整体中的一种自然呈现。

问：那如何才能做到无条件呢？

答：无条件并不意味着你不能有自己的选择和喜好，无条件也并不意味着你要屈服，而是你允许他人选择他们自己的样子，同时也允许自己成为自己喜爱的样子，你允许一切的呈现，无条件就是全然的允许……

遇见你吉祥

欣赏花开也欣赏花谢

鲜花绽放, 是不在乎有没有人欣赏的

问：你认为当下的状态会是什么样子的呢？

答：我们能够在刹那间感受到喜悦与美好，但是却不执着于它所带来的快感；我们只是住在时间与空间里，但是却不在时间与空间的分别里：这就是当下的状态。

我们不再坚持二元对立，区分好与坏、对与错、美与丑、善与恶、得到与失去并且能够对二者一视同仁，这也是当下的状态。

当我们的意识和行为与外境达成和解并且保持同步运行时，对未知的恐惧便会走出你的感知，这同样也是当下的状态。

当我们真的放下所有的期待和目标的时候，过去不存在，未来也不存在，存在的只有现在。这便是当下，也是永恒……

问：你认为我们该如何打破或者超越现实中的局限，从而成为更加无限的自己呢？

答：我们总是期待超越现实中的局限，实际上更应该回归生命初始的自由与完整。局限也无须被打破，它本就是你为自己创造出来的，它只是因你的需要而存在。

然而当你选择追求"无限"时，那么它便一定是披着无限外衣的"局限"，因为真正的无限的对立面一定不是局限，而是结束了无限与局限之间的对立与分别，那时你的感受就像是消融在了整体里，没有了自我，只是存在。

同时困住你的，往往不是能力的问题，而是那些被忽视或没有被察觉且自动化运行的带着评判与局限的认知。其实这个世界上只有一种限制，那就是你的自我限制。当你可以无条件地接受和允许自己如其所是的一切发生，完全与自我和解时，你就是无限的。

遇见你吉祥

问：我常常担心失去，这令我感到害怕。

答：你要明白，生命本身是平衡的，得到与失去一直是同步的，有所得必有所失，有所失同时也必有所得。换句话说，你本就从未拥有过什么，所以无所得也无所失。其实得到的同时，也是失去的开始；欲望满足的瞬间，即是下一个期待生起的时刻。凡是你想控制的，最后都控制了你；凡是你想拥有的，最后都拥有了你。其实，一切事物都是辩证的存在，不要去执着……你越失去，你就越拥有；你越少，你就会越多；如果你什么都不是，那你便什么都是。

遇见你吉祥

问：我觉得我总是很傲慢，如何才能变得谦卑一些呢？

答：傲慢与谦卑，虽然是一个相互对立的呈现，但是它们却又是同根同源的，因为它们都是基于"自我"而产生的。当"自我"消融时，所谓的谦卑或者傲慢也就没有了"容身"之处……

其实一切对立的呈现，比如对与错、好与坏、顺境与逆境、简单与复杂，都是基于"自我"而产生的，它们本来就是一个整体……

问：现在环境很恶劣，我觉得未来会有很多的灾难，我很担心，很恐惧，我们该为此做些什么呢？你是怎么看待的呢？

答：我觉得你不需要担心，如果每个人能做好自己的事情，就是对社会最大的贡献。比如，你是老师就当个好老师，你是科学家就当个好科学家，等等。未来也许真的会有许多的灾难，但是我相信，未来的人类应对灾难的能力也会相应地提高，就好比一个旋转的太极图，它的阳面有多大，阴面就有多大，同时阴面有多大，阳面也就有多大，它一直都在平衡地运转着。所以请你不要担心，请持续地允许你的内在透过喜悦来成长，无论你经历着什么，请相信未来一定会更加美好。

问：我特别向往那种自由自在的生活，如何才能有自在的状态呢？

答：有一种更深的依靠，务必要认识清楚，并从中走出来，才能获得真正的自由。那就是，你总是依靠别人获得愉悦，你总是依靠外界得到指引。其实不管什么类型的依靠，都是与真正的自由背道而驰的。而其中思想以及认知的依赖，是对我们最大的禁锢。任何依靠外在的行为都无法使我们达到最终的自由，你必须成为自己生命的光，其他的照亮都是折射。

从另一个角度说，其实人们都是拒绝自由的，对自由有着很深的恐惧感，自由代表着未知，自由代表着不确定。像"如何才能"，本来就是局限之内的一个观点，在局限里如何有自由？就像鸟儿自由地飞翔，它也受到天空的限制。当你开始追求自由，以及向往自由时，其实就已经迷失在了自由的路上。因为追求自由，就意味着不自由。你追求自由，内心就一直有个折射——我是不自由的。内心一直追求自由，反而不会有自由。自由的概念本身就是个枷锁。

头脑往往沉迷于已发生事物的经验，它对未知以及不确定的事物有着根深蒂固的恐惧，对束缚却是依赖的，因为它认为束缚是安全的，束缚是已知的。一旦有了自由，就打破了这些。然而当你可以对未知的一切感到舒适的时候，你内在无限的已知也就在你的生命中绽放了，这时你就是自由的。同时真正的自由也不是随心所欲，它是你从一切欲望中的出离。

从更深层次的角度来说，你就是一切的源头，你本来就是自由的……

遇见你吉祥

自由就是未知的，
它是从已知中的出离……

问：我需要在哪些方面做一些改变和突破呢？

答：生命本身是"流动"的，你不需要改变，或者说你时刻都在变化，因为你每时每刻都是全新的，这也是生命本有的状态。你的认知其实就是你为自己建立的一堵墙，它保护了墙内的自我，同时也禁锢了你的自我，把你关在了认知的墙内。那些生活中为你建立的，恰恰是你要去突破的，同时那些看似无法突破的限制，也是你自己给了它存在的理由。我认为我们真正要突破的，不是那些我们还没有做到的或者不会的，而是那些我们还没有意识到的……

遇见你吉祥

问：我很难过，我刚刚失去了人生中很重要的东西，我该怎么办呢？

答：我认为，如果你曾经拥有的一些东西突然离开了，那么一些新的东西会随之而来。生命的状态本来就是平衡的，失衡的只是你给出的定义，一切都只是瞬间的发生，它们并没有定义。请你记得：变动逃不出平衡，得失逃不出圆满……

问：怎样的人生状态才是完美的？

答：完美，并不是某些事物本身的特质，它只是观察者在集体意识以及自我认知影响下的主观定义，所以适合你的状态，就是完美的状态。

在生活中，无论何时何地，你本身就是完美的，你只是处在不同的完美状态中，完美不是一个标准，也不是一个终点，更不是随着你的改变与努力能到达的地方，或者说完美本就在起点，与你同在。你在的所有时间、所有地点、所有状态都是完美的。即使那并不是你热爱的，也仍然完美地体现了你正在经历你不热爱的，这个经历本身也在帮助你进入不同的体验，并不断地变化着。完美并不是不运转，或者说是固定的，而是你怎样都在完美的变化中流动着……

遇见你吉祥

问：你是如何理解爱的？

答：我认为爱是生命的主导线，是创造一切的源头，它教导着一切，并引导着一切回归到本源。爱是一种本有的状态，它不需要任何特别的目的和特别的对象，它只是随缘流动，给一切带去生机，所到之处，遍地生花。爱是一种无为的发生，它没有自我的部分，爱不在已知中，它与未知同在。爱不会给你制造任何担心和恐惧的映射，也不会隐藏任何的期待和掌控的意图，爱只是允许，允许一切的发生。当自我消融的时候，是爱真正发生的时候。就像是太阳给予万物光明和温暖一样，爱只是给出自性的光芒与能量，没有任何原因，也没有任何意图，此刻的明亮与温暖以及与万物恰好的距离，就是这么自然地与一切相融相生。

问：爱会有回报吗？

答：爱是有回应的，但并不是所谓的回报。它是被整体平衡的，而不是以个体的方式去呈现，它以更高维度的形式存在着……

遇见你吉祥

问：对生活的理解是否比生活本身更重要？

答：是的。我们理解的角度不同，会呈现不同品质的生活。我们对生活的诠释，其实也决定了我们幸福与否。

举个简单的例子，我和小明都是你的朋友，我们两个人一起去了你的家中聚会，结果小明在你的家中很随意地坐着。聚会结束后，我单独找你说，你看小明，简直太不尊重你了，他来到你家里竟然这么散漫地坐着，你以后可以不用当他是你的朋友了；或者我也可以换种方式说，你看小明，简直跟你太好了，在你家里非常自在，用最真实的状态面对你，他跟你简直一点隔阂都没有，你要好好珍惜他，他是你的好朋友。

生活也是我们的朋友，生活又何尝不是小明呢？所以对生活的理解与诠释确实比生活本身更重要。

奇迹在未知的一切里等着你

问：我如何才能真正接纳别人对我的伤害？

答：这和你的意识维度很有关系。当你的意识维度足够高，高过于身边的人和事物的时候，你会对事物的认知完全不一样；如果你的意识和身边的人平等或者低于身边人的话，你的认知也会有不同的呈现。

打个比方，如果有一只小白兔用头撞了你一下，你会觉得这只小白兔好可爱呀，可是如果一只狼过来，即使它送给你一朵鲜花，你内心都是不安的，会时刻提防着它，总是担心不知道什么时候它就会伤害你。

再比如，一个小女孩看到了糖葫芦，她说，妈妈，这个糖葫芦甜不甜，这个糖葫芦酸不酸，这个糖葫芦好吃不好吃？这个时候你会觉得她很可爱，因为你知道她是想吃这个糖葫芦；如果你的意识维度低，你也许会认为，这个小孩子明明想吃糖葫芦，却用各种各样的方式表达，就是不说出她的目的，简直太有心计了。

以上例子，都是意识维度高低不同的表现。所以当你意识维度足够高的时候，你的理解就完全不一样了，又怎么会存在伤害呢？

遇见你吉祥

问：我们如何随着时代的发展而不断地发展呢？

答：我认为，与时俱进就是与外境的变化保持"相对静止"，就是随着时代的发展而不断地发展。什么意思呢？就比如时代或者外境是一条向前流动的河，如果将一根杆子插在那里不动，它一定会受到水流的冲击；假如我们逆流而上，也会受到更大的冲击。最好的状态就是水流是什么速度，我们就是什么速度，水流是什么方向，我们就向什么方向流淌。

再举一个例子，一架油量不足的飞机在空中飞行，另一架加油飞机要在空中与其对接加油，它们需要保持同样的方向、同样的速度，保持相对的静止，才可以完成这项任务。这就是与时俱进，这就是与外境的变化保持"相对静止"，这就是随着时代的发展而不断地发展。

遇见你吉祥

问：我如何才能获得更多的财富？

答：命运是会眷顾我们每个人的，我们本就是命运的
VIP，本就具足我们所需要的一切。关于你想要获取更多的财
富，大概可以这样去理解：如果你现在是个两岁的小朋友，你
找妈妈要剪刀，她会给你吗？她一定不会给你的，因为她害怕
剪刀会伤害到你；但如果你已经长大了，有了相应的能力，找
妈妈要剪刀，这时她一定会给你，因为这个时候剪刀对你来说
已经是个工具，你可以自如地去运用它了。

如果你想要获得更多的财富，就需要有比驾驭这些财富
更大的格局和意识。

遇见你吉祥

问：每个人的内心都有黑暗面和光明面，怎样让自己的内心一直处在光明中呢？

答：光明和黑暗本就是相互依存的，没有单一的黑暗，也没有独立的光明。光明到了极致就是黑暗，黑暗到了极致也是光明。其实，极度的黑暗与极度的光明并没有什么不同，因为你在其中，同样什么也看不清楚。

当下是你唯一存在的地方
你无法在过去与未来呼吸

问：我非常期待能有更好的未来，该怎么做呢？

答：现在和未来，只是你头脑里的分别，分别一消失，此刻即是未来。如果你活在当下，就是在未来。同样的，未来也是基于"过去"的思考。当头脑放下所有的认知以及所有的概念时，这时候你的智慧也就生出来了。

期待的另一面是恐惧，对未知的恐惧。你期待未来会更好，不如闭上眼睛，深深地告诉自己：我不再期待未来可以更好，我愿意安住在一切未知里，我愿意与一切不确定达成和解……

问：你所说的整体性是不是否定了个体性呢？

答：整体性并不会否定个体性，它只是结束了个体之间的分别；无我并不是否定自我，它只是揭示了自我的深层属性（即无我）。整体的对立面并不是个体，而是结束了整体与个体之间的分别。就如同真正的无我，也不是没有了自我，而是可以与自我同行，就像是消融在了整体里……

遇见你**吉祥**

问：你是如何看待生死的？

答：我认为，在当下的每一刻里，生死一直在同步；在生命的长河里，只有经历没有生死。从更高的维度来看，我们从未生过，也不曾死去，生死并不真实存在，但是又有无数个生死在平行地同时发生着⋯⋯

问：我们应该如何看待生活中出现的问题呢？

答：我认为，所谓问题只是因为事物没有按照你想要的样子发生，事实上，一切的发生都是事物本有的状态，它们只是自然的流动。在你生命过程中以及生活的道路上，发生的问题就如一面镜子，它照出了你自身存在的且可能被你忽视的东西。也许你不喜欢这个发生，但它确实是你内在的一种映射。如同你不喜欢镜中的自己，即便朝着镜子怒吼，甚至把它砸碎，都没有任何意义，你还会在其他镜子里看到相似的呈现。即使你不去照镜子，你没有在镜子中成像，但你仍然是你自己。其实你对自己的态度就是外部世界给你的态度，它们只是一面镜子，映射出你与自己的关系。人生就犹如自己与自己对弈，输赢都是自己。请带着觉知去看待生活里的一切发生，内与外只是一种"分工"，一切经历都是自我完整的过程……

遇见你吉祥

问：在我们身上无论发生任何困难的事情，如果从更深层的角度来看，我认为都是生活在指引我们成长，请问你是如何看待这个问题的呢？

答：是的，我也这么认为。其实从更高的维度来看，"困境"以及"障碍"到你的事物，对你而言才是"真实"的。当你觉得要被生活中的无奈所吞没时，当你觉得可以从内心的执着中释然放下时，当你有任何的感受时，都要告诉自己，你的本质始终未变。所有一切的发生，都只是瞬间。

将生死置之度外的人会更懂得关爱生命，对爱不执着的人会更知晓爱的真谛，明了局限的人会更接近无限与自由。当你的一切行为不再建立在想要得到或改变什么的时候，你反而拥有了改变一切的力量和最璀璨的灵魂……

当你脱离了自我时

你就脱离了恐惧、迷茫与痛苦

人不会被事物所影响
但会被对事物的认知所影响

问：我们应该如何创新？

答：当你是自由的时候，才能产生真正的创新。因为创新是你对"已知"的一切结束了所有的依赖。它不是从"已知"叠加到另一个新的"已知"，而是从"已知"进入"未知"。此外，任何"创新"都是你对"已知"的延伸与累积，它只是你对"已发生事物"的一种重新的排列和组合。

同时，当你是自由的时候，你便也不再会有创新意图，因为那时你是一切，你已经消融成了整体，并且时刻是全新的；创新也不会成为一种发生，它只是你存在中的一种本有的状态……

遇见你吉祥

问：有些人说，生命就是关系，和自己的关系、和孩子的关系、和父母的关系、和伴侣的关系、和兄弟姐妹的关系、和财富的关系、和身体的关系、和万事万物一切的关系……只有和这些的关系和谐了，我们的一切才能好。你觉得呢？

答：其实所有的关系都是依赖和禁锢，它们最终都会走向对立。所有的关系都是以自我维护为基础建立起来的，在关系里，你想维系关系，你就在分裂中；你超越了关系，你就消融成了整体！

你要从所有的关系中出离出来，然后再回到一切关系中，那时你才是自由的……

问："那什么是"从关系中出离"呢？

答：所谓"从关系中出离"，就是你已经没有了关系中的自我定义，你在与一切和解的状态中流动着，你允许自己如其所是的一切发生，以及周围事物的一切变化。当关系不再是一种分别时，你便成了整体，那时关系就消融在了整体中……

遇见你吉祥

问：你是怎么看待学习这件事的呢？

答：学习是一种状态，它是你生命中本有的一种发生。学习不是一种累积的行为，你必须从所有累积的意图中脱离出来，才能进入学习的状态。我认为，真正的学习并不是你对事物认知与思想的积累，更不是经验与经验的叠加，而是从已知进入未知，可以时时刻刻保持全新的、对事物当下的觉察，并且只是觉察，而不是什么被觉察……

问：那么什么是觉察呢？

答：觉察就是对一切发生不加自我观点以及认知的全然观察。如果你能对生命中的一切事物不加任何观点和认知的全然观察，你会发现一个更鲜活的世界……

问：你如何理解生命中的贵人？

答：生活中的一切发生，都是生命给予的礼物，所以万事万物都是你的贵人，一切事物都在支持着你生命的成长。真正的贵人，他是打破和颠覆了你的认知，而不是延续了你的认知。因为延续是一种累积的行为，而你在哪里累积就随之在哪里进入匮乏，累积的基础是匮乏感，它是头脑的恐惧感和追求确定性导致的。只有颠覆你的认知，才会使你成为时刻全新的。这也是自由的本质，这时你才是真正丰盛的。

问：我们如何让未来更加美好呢？

答：我们无法改变未来。要到来的事情总会到来，未发生的事情就像是已发生的事情一样，过去、现在与未来并不真实存在，但是它们又是同时发生的。换句话说，没有单独存在的过去与未来，只有过去、此刻与未来融为一体的现在……

时间存在的意义就是告诉你：只有过程没有终点。所以我常说：我从此刻出发，终点已在当下。

只有观看，没有观看者
也没有什么被观看

问：都说"时光一去不复返"，时光在不断地流逝，我们怎样在有限的时间里，让生命变得更有意义？

答：请问现在的你，用你现在的意识和状态回到十年前，你会更勇敢吗？你会勇敢地做你想做的事吗？你会更尽情地投入生活之中吗？我相信你的回答一定是：我会的。那么十年后的你也一定希望现在的你更勇敢一些、更大胆一些，做你想做的事。其实生命真的就像是一场梦，尽情地去体验吧，你终会毫发无损地醒来。

与其追求生命的意义，不如让生命变得更有趣，有趣是内心深处的连接，有意义是头脑寻求的答案。生命本身是没有意义的，所谓意义只存在于分别与对比中。不用去追寻生命的意义，你的存在本身就是最大的意义……

问：我认为生命中有很多的烦恼与愁苦，你是怎么看待这些的？

答：这个"问题"的问题恰恰就是"我认为"。认知是一切问题的根源。从生命的整个进程看，一切都完美且有序，无论它的呈现是否符合你头脑的设定。而你只允许那些符合头脑设定的发生，抗拒那些不符合的发生，由此，痛苦就产生了。这就像一棵植物生长的过程要经历阳光雨露、风霜雷电，由此发芽、生长、开花、结果、凋谢，但如果认为只有阳光雨露是好的，那么，当遇到风霜雷电的时候，烦恼和痛苦就产生了。

所以，生命本身并没有那么多的烦恼与愁苦，但头脑的运转让一切变得复杂。你只需看到这点，并允许它存在，并只是存在，而非主宰你的生活。

生命本就是单纯的，并且单纯到让人难以置信……

当你放下头脑中的设定时，你会成为简单的，越来越简单，直至简单到成为整体……

遇见你吉祥

问：我以前总是活在"应该是"的状态里，所以做了很多委曲求全的事情；我现在是"如是"地活着，我觉得现在的状态很棒。你觉得呢？

答：你以前的"应该是"是一种选择，而"如是"也是一种选择，你选择了"如是"就拒绝了"应该是"。如果你的"如是"和"应该是"不能成为一个整体，它们都是局限的、不全面的。选择的同时也意味着拒绝，因为在选择某些事物的时候，你就拒绝了另外的事物，每一个选择里都蕴含着拒绝，选择和拒绝永远是同步的。如果你想要成为整体的、更加完整的状态，又怎么能够去选择呢？你必须成为无选择的，无选择并不是不去做选择，而是与选择并肩同行，你要在"应该是"和"如是"的状态里自由流动，就像阴与阳一样让它们相互和合……

问：如何判定一个观点的好与坏，哪种观点是完美的？

答：事物是没有直接定义的，就比如一把刀子不能直接被定义为凶器还是工具，要看你如何运用它。你用它战斗，它是你的武器；你用它伤人，它便是凶器；你用它切菜，它就成了工具……

所以说观点的好坏，和观点本身无关，关键在于你怎么运用它。另外，如果你认为一种观点是完美的，反之就会认为其他观点是不完美的，这本就是二元对立的思想。但是，完美与不完美只是主观认知，并不是客观的。追求观点完美的认知，本来就是一个牢笼。

问：一个与内在和解的人是什么样的？

答：当一个人的内在完全与自己达成了和解时，无论做什么事，对于他来说都是正确的，不存在选择的问题，因为他是一个无选择的状态。他不会去选择，选择意味着在思考，思考意味着内在的分裂；他不用思考，所有的结果对于他来说都是最完美的。他对外部事物发生的一切，也是完全接纳的。不会因为头脑的分别与其产生冲突，更不会因冲突而感到痛苦。他一直是自在的，甚至连接纳的概念都没有，因为接纳对于他来说也只是另一种形式的对立，他只是允许，全然地允许……

问：你认为真理在哪里，它是向内寻求吗？

答：我认为，"真理"既不在你里面，也不在你外面，它是全部，在你的内与外成为的整体里。同时，不执着于真理的人，往往也是离真理最近的人。真理在平衡里，当你成为平衡的时，你就是真理本身。

愿你成为你自己的真理……

问：我总是有很多负面的念头以及情绪，会吸引很多负面的事情，怎样才能让我的思维变得更正向呢？

答：事物本身并没有定义，它只是自然地存在着，然而人们总是用不同的认知定义事物。什么是正向的，什么是负向的？为何总是追求正向的、躲避负向的，但是却很少去思索正与负是怎样被定义出来的？是谁定义出来的？在生活中，我们被集体意识、外在的声音、自身念头循环往复地围绕着影响着，并持续不断地据此对外界做出反应，却很少去探索与认识自己真正的内在是什么样子的，它发出了什么声音。当我们任由自己跟随无意识去存在，并在生活中体验难过、不如意以及无助时，是否会将之归咎于命运？难道挫折、困难甚至死亡就一定是负向的吗？它们同样是你经历的需要，都是你整体的一部分。相比之下，我反而认为真正的负向是丢失了自己，却又执着于不真实的自己，那才是一条漫漫不归路……

遇见你**吉祥**

问：你认为一个真正的智者是什么样的？

答：我认为，真正的智者不会有任何阶层之分，他会以一个朋友的身份来到你的生活里。如果一个所谓的智者能够放下身份，以朋友的状态和大家分享与交流，那么他的心性才会是真正通达的。当一个人的心性真正的通达时，就不再需要教导大家的心性了，因为他本身就具有强大的净化力。智者会启发你认出自己"真实的身份"，协助你走上最适合的"真理"之路。他会倾向于分享他的经验，而不是给它们赋予某种定义或是贴上某种标签。他给予你寻找"真理"的力量和自由，而无须被依赖、被追随。

换句话说，智者不会把你带进他自己的智慧殿堂，而是会帮你迈出你自己思想禁锢的门槛，助你成为更好的自己。同时，他不会带着已准备好的"标准答案"来面对你，他永远是全新的，不会带给你任何禁锢。所有的已知都是禁锢，他会带给你未知的、全新的，助你进入无限的觉知，使你生命的道路更加宽广……

遇见你吉祥

问：请问我们如何不被生活中的得失所影响？

答：万事万物都是中性的，事物本身并没有定义，一切的意义都是你站在自己的角度上以有限的认知赋予它的，就比如在一只老虎看来，你的美貌以及你的才艺都没有任何的意义。当你站在整体的角度去看待时，就会理解和允许一切事物的发生，就像你脚边有两方兵戎相见的蚂蚁，你不会对任何一方作评判一样。如果从整体的角度来看，一切都只是自然地存在着，它们之间并没有任何分别，自然不会有得到和失去，也不会在事物上强行加入你的标准以及对事物的定义，更不会以自己有限的认知对事物加以评判。

事实上，你就是创造我们所认为一切真实的事物的源头，你并没有真正开始过也没有真正结束过，你不曾真正地拥有过什么，也无从真正失去过什么。好比你在一场梦中，梦是真实的，梦里的一切都是虚幻的，梦中的发生没有什么是你真正拥有或者失去的。如果你认为梦里还是有分别，那是因为你还没有清晰明了地知道那是一场梦，你还没有从梦境中醒来，梦里的光明与黑暗、恐惧与期待，都是你自己的映射；梦里的你是你，梦里的敌人和贵人也都是你，你是新生，也是寂灭，你是一切，一切都是你。

所以，得与失实际上都不是真实的，它只是你"梦中"的感受，人们一直想要抓取的只是"感受的游戏"。我们一旦认可了外在的得失，就如同给生命套上了枷锁……

遇见你吉祥

你一旦去延续或是累积，就会随之进入匮乏

问：有没有一种统一的方式能让我们变得更有智慧？

答：首先，我认为智慧是每个人本自具有的。其次，我认为没有任何一种统一的途径能适合所有的人，就连我们每个人的生命轨迹都是"私人订制"的，每个人生命中的经历都不一样，不是吗？所以生命的磨炼是个体化、生活化而不是教条化的，每一个个体都是独特的。同时，智慧不属于任何人，它只是流经你，只有你自己去经历、去观察、去体会，不要让知识先入为主地影响你的体验和觉知，而是透过自身的体验，建立属于你自己的真知。

其实，不用去寻求智慧，生命本身没有智慧；不用去寻求原因，生命本身没有原因；不用去寻求定义，生命本身没有定义；甚至不用去寻求爱，生命本身没有爱……当你不再寻求的时候，你便是一切，同时你也是生命本身。

问：我一直在寻找一位好的老师来指引我的成长，如何才能找到？

答：这个问题证明你专注于自己的成长，外界也有很多声音在定义一位好的老师是什么样子的，标准是什么。但是我想告诉你，其实你的这个问题本身就是有问题的，不如问你自己，如何能让自己时时刻刻保持一颗学习与觉察的心。这样你自然会遇到好的老师，因为那时你会发现天地万物都是你的老师，万事万物都在指引着你。倘若你只追寻或者认定某个个体是你的老师，便树立了一个权威，然而权威都是具有排他性的，因此他无形中会影响你去分别，而不会引领你成为整体。所以你的心是你唯一的老师，什么心呢？一颗时时刻刻保持学习与觉察的心。

问：我未来需要往哪个方向努力，才可以成为更好的自己？

答：我认为，未来的时代是朋友和分享的时代，每个人都有独特的智慧，都是独立的个体，时代不再有唯一的标准。就好比你是一个甜果，我是一个辣椒，他是一个柠檬，曾经集体的标准认为"甜"是好的，所以我们都会认为甜果是优秀的，因此辣椒一辈子都在努力变甜，柠檬一辈子也在努力变甜，它们都把甜果当成榜样向它学习。但未来的时代，每个人都会成为独立的个体，那是一个美好并多元的世界。甜果会更甜，辣椒会更辣，柠檬会更酸，每个人都是在更符合自己的状态下做更好的自己。

问：我发现有的人状态非常好，我如何才能拥有这样的状态呢？

答：你要成为你自己，而不是遵循集体意识所设定的完美形象，同时也不需要刻意去模仿或者成为谁，否则会让你在对外迎合中渐渐地迷失自我。即便是美好、喜悦、和平、安静、谦卑，也让它们由内而外地散发出来，这样才会真的滋养自己，才能是安然、自在的。当你可以完全接纳自己如是的状态时，你的内在的某个东西就会显露出来，它过去一直被自我对外的欲求所掩盖着，它是一种与生俱来的、内在深处的安详与寂静，它是鲜活的并充满生命力的。它是无限的，是你的本性，也是属于你自己的最好的状态……

遇见你吉祥

问：有的人思想很独特，我很喜欢，所以我想知道什么样的老师才能使我达到那样的状态？

答：我以前提到过，当我们能时时刻刻保持学习心态的时候，会发现万事万物都是我们的老师。因此我们不需要任何特定的老师，一切事物的发生都在启发着我们，无一例外。当我们可以透过自己的生活去学习、感悟与领会的时候，会发现每一个人以及每一件事都在启发与滋养着我们，我们是从所有的事物以及经历中去学习、感悟与领会的。所以，生命本身就是我们的老师，学习本身就是一种状态，并且它在每时每刻不停歇地更新着。请让我们放下特定的限制，让生命过程中以及生活的道路上所有的发生成为我们的老师，这样我们才能成为更加宽广与无限的自己。

遇见你吉祥

问：我们如何才能看清事物最终的真相呢？

答：关于"真相"，我认为任何一种对其的强调，都是在远离"真相"，"真相"只要被叙述出来，它就不再是"真相"了。它无法被叙述，无法被定义，无法理论化，更无法形成体系。因为"真相"不是静止的，它是一直在运动与变化着的，它是全新的、鲜活的，并且充满生机的，它不可能是一个终点。如果"真相"是一个固定的结果，那么它只是一种观点罢了。认知是追不上"真相"的，"真相"也无法被认知。"真相"处在未知里，它也没有时间和空间的概念……

因此，我们所听到的一切，都只是由有限的认知所形成的观点，而并非事实。我们所看到的一切，也都只是由有限的角度所呈现的视角，也并非真相。换句话说，尽管某些观点接近事实，但那并不是事实；某些视角接近真相，但那也并非真相。这个世界并没有所谓的真相，一切都是相对的，生命永远是全新的。所谓"真相"也只是暂时的认知，它会随着外境以

遇见你吉祥

及认知的变化而变化。就连此刻看似正确的信念，也是存在局限的。当你不再执着于信念时，你才有可能接近无限……

问：为什么我们总是向外在寻求幸福呢？

答：因为"幸福"的概念都是从别人那里得来的。

问：如果有人说是因为我们没有自信，内在不够完美，所以才向外寻求呢？

答：那恰恰证明他已经进入了别人的概念。

问：进入概念会怎么样呢？

答：这才是最大的禁锢。如果有了"幸福"的概念，就会循环往复地走在寻求"幸福"的路上，因为在人们的认知里不存在最幸福，只有更幸福，所以你要周而复始、没完没了地追求"更幸福"，这就成了一个无始无终的循环……

问：在生活中我们总是期待顺境，恐惧逆境，我们该如何使自己的境遇转逆为顺呢？

答：不如换一个角度去思考。与其思考如何让自己的境遇转逆为顺，不如去思考顺逆是怎么被定义出来的。它依然是你二元对立的想法，所有的境遇都只是一个发生，它并没有定义，"顺逆"只是你的局限的认知赋予它的定义。当你不再去分别什么是顺境或者什么是逆境的时候，你就会意识到它们都是整体的一部分，它们本就是平等的。事实上"逆境"并不是来阻碍你的，"顺境"也不是来奖励你的。它们都是生命为你私人订制的礼物，都是你的老师，都是来帮助你的。你学会了、经历了、明白了，它们也就离开了。

当你不再依赖已知，并能不断地打破所有的认知时，你就是境遇本身，因为你时刻是全新的。

问：你认为什么是真正的"和解"？

答：我认为，真正的"和解"，是从对立的思想中出离，是从每一个念头以及每一个经验认知的定义与分别中出离，并不是这样是不好的，那样才是更好的。

真正的"和解"，是意识到那些你认为需要被解决的问题或矛盾根本不存在，而是被头脑制造出来的。

甚至在某种意义上看，连"自我"都并不存在，又是什么在寻求"和解"？"和解"的内容又是什么？当你深入探索这些问题时就会发现，"和解"的需求源于我们对自身缺乏客观的认知，而自行制造出问题，再向自己寻求解答。

其实，并没有什么对立需要"和解"，一切发生都是整体的一部分，都是自然的流动……

待我消融于世间 请让我化为一切来拥抱你

问：我如何才能了解一个人境界的高低？

答：在你的世界里，别人境界的高低，跟他人一点关系都没有，全取决于你对他人的认知和判断。如果你认为他的境界高，他哪怕很散漫地坐着，你都会说他"很自在"；如果你认为他的境界不高，即使他很端正地坐着，你都会认为他"很做作"。这是所谓"相由心生"的一种表现。世间的"相"与对外界的认知，全由你的"心"而生。因此在你认知构建的世界里，你认为他境界高他境界就高；你认为他境界低他境界就低，外部世界的呈现都是由你的内在投射而出的。

遇见你吉祥

问：我以前总是会为没有达到目标而难过，现在觉得无所谓了，都可以瞬间接纳，我是不是内心变得更强大了？

答：真正的强大是你时刻都在做真实的自己，真实地面对，真实地感受，真实地分享与表达。

真正的强大是你可以"如是"地存在，开心就是开心，难过就是难过，喜欢就是喜欢，不喜欢就是不喜欢。

真正的强大是你不再因外在而影响情绪，你明白外在的呈现都是你内在的投射，外在的问题就是你的问题，外在的完美就是你的完美。

真正的强大是你可以直面自己的不足、缺点和不完美，你可以没有分别地接纳并允许自己一切的呈现。

真正的强大是你可以抛弃对已发生事情经验的依赖，以及不再恐惧未来的不确定性，时刻安宁并享受现在。

真正的强大是你连自我都消融在了整体里，那时你是一切，你连想要强大的念头都没有，因为你本就是强大……

问：我希望你能给我一个简短的祝福，你会怎么表述？

答：愿你纯粹、本真、爱、喜悦、平和。

愿你是闪耀的光，是充满的爱，是无尽的温暖，是永恒的力量。

愿你活得像孩子一样，鲜活、敞开、纯朴、专注，热爱生活。

愿你拥有面对一切未知的勇气，以及对一切未知充满期待。

我始终坚信，

爱是一束无所不能的光，

照亮本就明媚的地方。

愿你不因容易而选择，

不因困难而放弃。

心之所向，路之所往，

行己所爱，爱己所行……

愿这世间的美好，住进你心里……

深深地祝福你，我爱你！

2019.12.19

感谢我的好朋友意公子和云公子对此书的支持以及他们的整理与编辑。